"La vida es 50 % aptitud y 50 % actitud."
Yusnier Viera.

Domina las Tablas de Multiplicación

Yusnier Viera

www.matematicapicante.com

Índice

1. Las tablas.   **4**
  1.1. Acortemos el tiempo a la mitad. 4

2. Tablas súper fáciles.   **7**
  2.1. Tabla del cero. 7
  2.2. Tabla del uno. 7
  2.3. Tabla del diez. 8

3. Tablas fáciles.   **10**
  3.1. Tabla del dos. 10
  3.2. Tabla del cinco. 10
    3.2.1. Contemos cada 5. 11
    3.2.2. Compartir a partes iguales. La mitad de un número. 11
  3.3. Tabla del nueve. 12

4. Tabla del seis.   **14**

5. Tablas menos fáciles.   **16**
  5.1. Tabla del tres. 16
  5.2. Tabla del cuatro. 17
  5.3. Tabla del ocho. 18

6. Tabla del siete.   **20**

7. ¿Qué truco aplicar en cada situación?   **21**

8. Ejercicios.   **23**

    8.1. Tablas del 0, 1, 10. 23

    8.2. Tablas del 2, 5, 9. 23

    8.3. Tablas del 6, 3, 4, 8, 7. 23

    8.4. Ejercicios mixtos. 23

9. Respuestas.   **25**

    9.1. Tablas del 0, 1, 10. Respuesta a sección 8.1. 25

    9.2. Tablas del 2, 5, 9. Respuesta a sección 8.2. 25

    9.3. Tablas del 6, 3, 4, 8, 7. Respuesta a sección 8.3. 25

    9.4. Ejercicios mixtos. Respuesta a sección 8.4. 25

1. Las tablas.

1.1. Acortemos el tiempo a la mitad.

El objetivo de este libro es aprender a memorizar esta tabla, que contiene cada uno de los valores de cada producto.

	0	1	2	3	4	5	6	7	8	9	10
0	0	0	0	0	0	0	0	0	0	0	0
1	0	1	2	3	4	5	6	7	8	9	10
2	0	2	4	6	8	10	12	14	16	18	20
3	0	3	6	9	12	15	18	21	24	27	30
4	0	4	8	12	16	20	24	28	32	36	40
5	0	5	10	15	20	25	30	35	40	45	50
6	0	6	12	18	24	30	36	42	48	54	60
7	0	7	14	21	28	35	42	49	56	63	70
8	0	8	16	24	32	40	48	56	64	72	80
9	0	9	18	27	36	45	54	63	72	81	90
10	0	10	20	30	40	50	60	70	80	90	100

Primero aprendamos a usar la tabla.

Ejemplo 1:

7 x 8 = ...

Por ejemplo supongamos que queremos saber cuánto es 7 x 8. Con la tabla anterior es sencillo, pues solo tenemos que buscar el valor de la fila 7 y la columna 8 como se muestra a continuación:

	0	1	2	3	4	5	6	7	8	9	10
0	0	0	0	0	0	0	0	0	0	0	0
1	0	1	2	3	4	5	6	7	8	9	10
2	0	2	4	6	8	10	12	14	16	18	20
3	0	3	6	9	12	15	18	21	24	27	30
4	0	4	8	12	16	20	24	28	32	36	40
5	0	5	10	15	20	25	30	35	40	45	50
6	0	6	12	18	24	30	36	42	48	54	60
7	0	7	14	21	28	35	42	49	56	63	70
8	0	8	16	24	32	40	48	56	64	72	80
9	0	9	18	27	36	45	54	63	72	81	90
10	0	10	20	30	40	50	60	70	80	90	100

O quizás prefieres buscar el valor de la fila 8 y la columna 7, que también nos da 56 como puede observarse:

	0	1	2	3	4	5	6	7	8	9	10
0	0	0	0	0	0	0	0	0	0	0	0
1	0	1	2	3	4	5	6	7	8	9	10
2	0	2	4	6	8	10	12	14	16	18	20
3	0	3	6	9	12	15	18	21	24	27	30
4	0	4	8	12	16	20	24	28	32	36	40
5	0	5	10	15	20	25	30	35	40	45	50
6	0	6	12	18	24	30	36	42	48	54	60
7	0	7	14	21	28	35	42	49	56	63	70
8	0	8	16	24	32	40	48	56	64	72	80
9	0	9	18	27	36	45	54	63	72	81	90
10	0	10	20	30	40	50	60	70	80	90	100

Esto es porque 7 x 8 = 8 x 7, es decir, el orden de los factores no altera el producto.

Ejemplo 2:
3 x 4 = ... Fila 3, Columna 4 ó Fila 4, Columna 3. La respuesta es siempre **12**.

	0	1	2	3	4	5	6	7	8	9	10
0	0	0	0	0	0	0	0	0	0	0	0
1	0	1	2	3	4	5	6	7	8	9	10
2	0	2	4	6	8	10	12	14	16	18	20
3	0	3	6	9	12	15	18	21	24	27	30
4	0	4	8	12	16	20	24	28	32	36	40
5	0	5	10	15	20	25	30	35	40	45	50
6	0	6	12	18	24	30	36	42	48	54	60
7	0	7	14	21	28	35	42	49	56	63	70
8	0	8	16	24	32	40	48	56	64	72	80
9	0	9	18	27	36	45	54	63	72	81	90
10	0	10	20	30	40	50	60	70	80	90	100

Como notas existe una simetría en la tabla. Por tanto si tan solo memorizamos la mitad de la tabla esto será suficiente para conocer todos los valores. Simplemente escogerías entre los números azules o números rojos.

	0	1	2	3	4	5	6	7	8	9	10
0	0	0	0	0	0	0	0	0	0	0	0
1	0	1	2	3	4	5	6	7	8	9	10
2	0	2	4	6	8	10	12	14	16	18	20
3	0	3	6	9	12	15	18	21	24	27	30
4	0	4	8	12	16	20	24	28	32	36	40
5	0	5	10	15	20	25	30	35	40	45	50
6	0	6	12	18	24	30	36	42	48	54	60
7	0	7	14	21	28	35	42	49	56	63	70
8	0	8	16	24	32	40	48	56	64	72	80
9	0	9	18	27	36	45	54	63	72	81	90
10	0	10	20	30	40	50	60	70	80	90	100

2. Tablas súper fáciles.

2.1. Tabla del cero.

La tabla del cero es la más sencilla de todas. Sólo recuerda:

TODO NÚMERO MULTIPLICADO POR CERO ES CERO.

	0	1	2	3	4	5	6	7	8	9	10
0	**0**	0	0	0	0	0	0	0	0	0	0
1	0	1	2	3	4	5	6	7	8	9	10
2	0	2	4	6	8	10	12	14	16	18	20
3	0	3	6	9	12	15	18	21	24	27	30
4	0	4	8	12	16	20	24	28	32	36	40
5	0	5	10	15	20	25	30	35	40	45	50
6	0	6	12	18	24	30	36	42	48	54	60
7	0	7	14	21	28	35	42	49	56	63	70
8	0	8	16	24	32	40	48	56	64	72	80
9	0	9	18	27	36	45	54	63	72	81	90
10	0	10	20	30	40	50	60	70	80	90	100

Ejemplos:

$4 \times 0 = 0$
$3 \times 0 = 0$
$6 \times 0 = 0$
$8 \times 0 = 0$
$0 \times 0 = 0$
$1 \times 0 = 0$
$10 \times 0 = 0$
$24 \times 0 = 0$
$728 \times 0 = 0$

2.2. Tabla del uno.

La tabla del uno es de las más fáciles también, sólo recuerda:

TODO NÚMERO MULTIPLICADO POR UNO RESULTA EN EL MISMO NÚMERO.

	0	1	2	3	4	5	6	7	8	9	10
0	0	0	0	0	0	0	0	0	0	0	0
1	0	1	2	3	4	5	6	7	8	9	10
2	0	2	4	6	8	10	12	14	16	18	20
3	0	3	6	9	12	15	18	21	24	27	30
4	0	4	8	12	16	20	24	28	32	36	40
5	0	5	10	15	20	25	30	35	40	45	50
6	0	6	12	18	24	30	36	42	48	54	60
7	0	7	14	21	28	35	42	49	56	63	70
8	0	8	16	24	32	40	48	56	64	72	80
9	0	9	18	27	36	45	54	63	72	81	90
10	0	10	20	30	40	50	60	70	80	90	100

Ejemplos:

$4 \times 1 = 4$
$3 \times 1 = 3$
$6 \times 1 = 6$
$8 \times 1 = 8$
$0 \times 1 = 0$
$1 \times 1 = 1$
$10 \times 1 = 10$
$24 \times 1 = 24$
$728 \times 1 = 728$

2.3. Tabla del diez.

Esta es una de mis favoritas por lo simple que es. Sólo recuerda:

TODO NÚMERO MULTIPLICADO POR DIEZ RESULTA EN EL MISMO NÚMERO CON UN CERO AL FINAL.

	0	1	2	3	4	5	6	7	8	9	10
0	0	0	0	0	0	0	0	0	0	0	0
1	0	1	2	3	4	5	6	7	8	9	10
2	0	2	4	6	8	10	12	14	16	18	20
3	0	3	6	9	12	15	18	21	24	27	30
4	0	4	8	12	16	20	24	28	32	36	40
5	0	5	10	15	20	25	30	35	40	45	50
6	0	6	12	18	24	30	36	42	48	54	60
7	0	7	14	21	28	35	42	49	56	63	70
8	0	8	16	24	32	40	48	56	64	72	80
9	0	9	18	27	36	45	54	63	72	81	90
10	0	10	20	30	40	50	60	70	80	90	100

Ejemplos:

$4 \times 10 = 40$

$3 \times 10 = 30$

$6 \times 10 = 60$

$8 \times 10 = 80$

$0 \times 10 = 0$ (no hay necesidad de poner otro cero pues el resultado es cero)

$1 \times 10 = 10$

$10 \times 10 = 100$

$24 \times 10 = 240$

$728 \times 10 = 7280$

3. Tablas fáciles.

3.1. Tabla del dos.

La tabla del 2 sólo tiene números pares (números que terminan en 0, 2, 4, 6, 8).

	0	1	2	3	4	5	6	7	8	9	10
0	0	0	0	0	0	0	0	0	0	0	0
1	0	1	2	3	4	5	6	7	8	9	10
2	0	2	4	6	8	10	12	14	16	18	20
3	0	3	6	9	12	15	18	21	24	27	30
4	0	4	8	12	16	20	24	28	32	36	40
5	0	5	10	15	20	25	30	35	40	45	50
6	0	6	12	18	24	30	36	42	48	54	60
7	0	7	14	21	28	35	42	49	56	63	70
8	0	8	16	24	32	40	48	56	64	72	80
9	0	9	18	27	36	45	54	63	72	81	90
10	0	10	20	30	40	50	60	70	80	90	100

MULTIPLICAR POR DOS ES LO MISMO QUE SUMAR DOS VECES.

Ejemplos:

$4 \times 2 = 4 + 4 = 8$
$3 \times 2 = 3 + 3 = 6$
$6 \times 2 = 6 + 6 = 12$
$8 \times 2 = 8 + 8 = 16$
$2 \times 2 = 2 + 2 = 4$
$5 \times 2 = 5 + 5 = 10$
$10 \times 2 = 10 + 10 = 20$

3.2. Tabla del cinco.

La tabla del 5 sólo tiene números que terminan en 0 o en 5 como se ve a continuación:

	0	1	2	3	4	5	6	7	8	9	10
0	0	0	0	0	0	0	0	0	0	0	0
1	0	1	2	3	4	5	6	7	8	9	10
2	0	2	4	6	8	10	12	14	16	18	20
3	0	3	6	9	12	15	18	21	24	27	30
4	0	4	8	12	16	20	24	28	32	36	40
5	0	5	10	15	20	25	30	35	40	45	50
6	0	6	12	18	24	30	36	42	48	54	60
7	0	7	14	21	28	35	42	49	56	63	70
8	0	8	16	24	32	40	48	56	64	72	80
9	0	9	18	27	36	45	54	63	72	81	90
10	0	10	20	30	40	50	60	70	80	90	100

Existen dos buenas maneras de memorizar esta tabla y las vamos a explicar de forma independiente.

3.2.1. Contemos cada 5.

CUENTA CADA CINCO Y OBTENDRAS LA RESPUESTA.

5, 10, 15, 20, 25, 30, 35, 40, 45, 50...

Ejemplos:

$4 \times 5 = 20$ (el cuarto número de la lista)
$3 \times 5 = 15$ (el tercer número de la lista)
$6 \times 5 = 30$ (el sexto número de la lista)
$8 \times 5 = 40$ (el octavo número de la lista)
$2 \times 5 = 10$ (el segundo número de la lista)
$7 \times 5 = 35$ (el séptimo número de la lista)
$5 \times 5 = 25$ (el quinto número de la lista)

Como te das cuenta memorizar puede no ser fácil, por eso te recomendamos que analices la segunda manera si no te gusta memorizar tanto.

3.2.2. Compartir a partes iguales. La mitad de un número.

La mitad de un número es fácil de hallar. Supongamos que quieres compartir a partes iguales cuatro helados con tu mejor amigo. ¿Cuántos helados serían para cada uno? Evidentemente serían dos para cada uno porque $2 + 2 = 4$.

Analicemos algunos ejemplos.

La mitad de 2 es 1; porque $1 + 1 = 2$.
La mitad de 3 es 1 y sobra 1; porque $1 + 1 = 2$ y 1 que sobra es 3.
La mitad de 4 es 2; porque $2 + 2 = 4$.
La mitad de 5 es 2 y sobra 1; porque $2 + 2 = 4$ y 1 que sobra es 5.
La mitad de 6 es 3; porque $3 + 3 = 6$.
La mitad de 7 es 3 y sobra 1; porque $3 + 3 = 6$ y 1 que sobra es 7.
La mitad de 8 es 4; porque $4 + 4 = 8$.
La mitad de 9 es 4 y sobra 1; porque $4 + 4 = 8$ y 1 que sobra es 9.
La mitad de 10 es 5; porque $5 + 5 = 10$.

Ahora que sabemos hallar la mitad analicemos la segunda vía para multiplicar por cinco:

LE HALLAMOS LA MITAD AL NÚMERO. SI NO SOBRA NADA LE AGREGAMOS UN CERO, PERO SI SOBRA LE AGREGAMOS UN CINCO.

Ejemplos:

$4 \times 5 = 20$ (la mitad de 4 es 2 y no sobra nada, por tanto agregamos un 0 y se obtiene 20).
$3 \times 5 = 15$ (la mitad de 3 es 1 y sobra, por tanto agregamos un 5 y se obtiene 15).
$6 \times 5 = 30$ (la mitad de 6 es 3 y no sobra nada, por tanto agregamos un 0 y se obtiene 30).
$8 \times 5 = 40$ (la mitad de 8 es 4 y no sobra nada, por tanto agregamos un 0 y se obtiene 40).
$2 \times 5 = 10$ (la mitad de 2 es 1 y no sobra nada, por tanto agregamos un 0 y se obtiene 10).
$7 \times 5 = 35$ (la mitad de 7 es 3 y sobra, por tanto agregamos un 5 y se obtiene 35).
$5 \times 5 = 25$ (la mitad de 5 es 2 y sobra, por tanto agregamos un 5 y se obtiene 25).

3.3. Tabla del nueve.

La tabla del nueve tiene un patrón muy interesante pues todos los resultados suman **9**. Veamos:

$9 \times 1 = 9$
$9 \times 2 = 18 \ (1 + 8 = \mathbf{9})$
$9 \times 3 = 27 \ (2 + 7 = \mathbf{9})$
$9 \times 4 = 36 \ (3 + 6 = \mathbf{9})$
$9 \times 5 = 45 \ (4 + 5 = \mathbf{9})$
$9 \times 6 = 54 \ (5 + 4 = \mathbf{9})$
$9 \times 7 = 63 \ (6 + 3 = \mathbf{9})$
$9 \times 8 = 72 \ (7 + 2 = \mathbf{9})$
$9 \times 9 = 81 \ (8 + 1 = \mathbf{9})$
$9 \times 10 = 90 \ (9 + 0 = \mathbf{9})$

	0	1	2	3	4	5	6	7	8	9	10
0	0	0	0	0	0	0	0	0	0	0	0
1	0	1	2	3	4	5	6	7	8	9	10
2	0	2	4	6	8	10	12	14	16	18	20
3	0	3	6	9	12	15	18	21	24	27	30
4	0	4	8	12	16	20	24	28	32	36	40
5	0	5	10	15	20	25	30	35	40	45	50
6	0	6	12	18	24	30	36	42	48	54	60
7	0	7	14	21	28	35	42	49	56	63	70
8	0	8	16	24	32	40	48	56	64	72	80
9	0	9	18	27	36	45	54	63	72	81	90
10	0	10	20	30	40	50	60	70	80	90	100

Para multiplicar un número por nueve debes seguir la siguiente regla:

QUITALE UNO AL NÚMERO Y AGREGALE UN SEGUNDO NÚMERO PARA QUE SUME 9.

Ejemplos:

$4 \times 9 = 36 \ (4 - 1 = 3; 3 + 6 = \mathbf{9}, \text{ por tanto } 36.)$
$3 \times 9 = 27 \ (3 - 1 = 2; 2 + 7 = \mathbf{9}, \text{ por tanto } 27.)$
$6 \times 9 = 54 \ (6 - 1 = 5; 5 + 4 = \mathbf{9}, \text{ por tanto } 54.)$
$8 \times 9 = 72 \ (8 - 1 = 7; 7 + 2 = \mathbf{9}, \text{ por tanto } 72.)$
$2 \times 9 = 18 \ (2 - 1 = 1; 1 + 8 = \mathbf{9}, \text{ por tanto } 18.)$
$7 \times 9 = 63 \ (7 - 1 = 6; 6 + 3 = \mathbf{9}, \text{ por tanto } 63.)$
$5 \times 9 = 45 \ (5 - 1 = 4; 4 + 5 = \mathbf{9}, \text{ por tanto } 45.)$

4. Tabla del seis.

La tabla del seis se presenta a continuación:

	0	1	2	3	4	5	6	7	8	9	10
0	0	0	0	0	0	0	0	0	0	0	0
1	0	1	2	3	4	5	6	7	8	9	10
2	0	2	4	6	8	10	12	14	16	18	20
3	0	3	6	9	12	15	18	21	24	27	30
4	0	4	8	12	16	20	24	28	32	36	40
5	0	5	10	15	20	25	30	35	40	45	50
6	0	6	12	18	24	30	**36**	42	48	54	60
7	0	7	14	21	28	35	42	49	56	63	70
8	0	8	16	24	32	40	48	56	64	72	80
9	0	9	18	27	36	45	54	63	72	81	90
10	0	10	20	30	40	50	60	70	80	90	100

Es evidente que la tabla del seis no es tan simple. Pero recordemos que el orden de los factores no altera el producto. Es por eso que te recomendamos utilizar algunas de las técnicas sencillas explicadas anteriormente en caso posible.

Por ejemplo:

$0 \times 6 = 0$ (Aplicar el truco del **0**).
$1 \times 6 = 6$ (Aplicar el truco del **1**).
$10 \times 6 = 60$ (Aplicar el truco del **10**).
$2 \times 6 = 6 + 6 = 12$ (Aplicar el truco del **2**).
$5 \times 6 = 30$ (Aplicar el truco del **5**; la mitad de 6 es 3 y no sobra nada, por tanto agregamos un 0 y se obtiene 30).
$9 \times 6 = 54$ (Aplicar el truco del **9**; $6 - 1 = 5; 5 + 4 = $ **9**, por tanto 54).

Ahora bien, para los otros casos te recomendamos seguir la siguiente regla al multiplicar un número por seis:

HALLA LA MITAD DEL NÚMERO. SI NO SOBRA AGREGALE EL NÚMERO, PERO SI SOBRA AGREGALE EL NÚMERO SUMADO EN CINCO.

Ejemplos:

$4 \times 6 = 24$ (La mitad de 4 es 2 y no sobra nada, entonces la respuesta es 24).
$6 \times 6 = 36$ (La mitad de 6 es 3 y no sobra nada, entonces la respuesta es 36).
$3 \times 6 = 18$ (La mitad de 3 es 1 y sobra, $3 + \mathbf{5} = 8$; entonces la respuesta es 18).
$7 \times 6 = 42$ (La mitad de 7 es 3 y sobra, $7 + \mathbf{5} = \mathbf{12}$. Como **12** es mayor que **10**
me quedo con 2 y sumo **1** al anterior $(3 + \mathbf{1} = 4)$; entonces la respuesta es 42).
$8 \times 6 = 48$ (La mitad de 8 es 4 y no sobra nada, entonces la respuesta es 48).

5. Tablas menos fáciles.

5.1. Tabla del tres.

	0	1	2	3	4	5	6	7	8	9	10
0	0	0	0	0	0	0	0	0	0	0	0
1	0	1	2	3	4	5	6	7	8	9	10
2	0	2	4	6	8	10	12	14	16	18	20
3	0	3	6	9	12	15	18	21	24	27	30
4	0	4	8	12	16	20	24	28	32	36	40
5	0	5	10	15	20	25	30	35	40	45	50
6	0	6	12	18	24	30	36	42	48	54	60
7	0	7	14	21	28	35	42	49	56	63	70
8	0	8	16	24	32	40	48	56	64	72	80
9	0	9	18	27	36	45	54	63	72	81	90
10	0	10	20	30	40	50	60	70	80	90	100

La tabla del tres tiene una peculiaridad muy interesante. Notemos que en cada producto la suma de los dígitos está siempre alternándose en **3**, **6**, **9**.

$3 \times 1 = \mathbf{3}$
$3 \times 2 = \mathbf{6}$
$3 \times 3 = \mathbf{9}$
$3 \times 4 = 12(1 + 2 = \mathbf{3})$
$3 \times 5 = 15(1 + 5 = \mathbf{6})$
$3 \times 6 = 18(1 + 8 = \mathbf{9})$
$3 \times 7 = 21(2 + 1 = \mathbf{3})$
$3 \times 8 = 24(2 + 4 = \mathbf{6})$
$3 \times 9 = 27(2 + 7 = \mathbf{9})$
$3 \times 10 = 30(3 + 0 = \mathbf{3})$

Ahora bien, si queremos memorizar los valores debemos sacar provecho al hecho anterior. Por ejemplo:

$3 \times 1 = \mathbf{3}$
$3 \times 2 = \mathbf{6}$
$3 \times 3 = \mathbf{9}$

Estos primeros tres productos serán la base de los que vienen detrás:

16

$3 \times 4 = 1...$
$3 \times 5 = 1...$
$3 \times 6 = 1...$

Sabemos que en este grupo también cada producto suma **3**, **6**, **9**. Entonces:

$3 \times 4 = 12$ (porque $1 + 2 = $ **3**)
$3 \times 5 = 15$ (porque $1 + 5 = $ **6**)
$3 \times 6 = 18$ (porque $1 + 8 = $ **9**)

El próximo grupo se comportará así:

$3 \times 7 = 2...$
$3 \times 8 = 2...$
$3 \times 9 = 2...$

Entonces:

$3 \times 7 = 21$ (porque $2 + 1 = $ **3**)
$3 \times 8 = 24$ (porque $2 + 4 = $ **6**)
$3 \times 9 = 27$ (porque $2 + 7 = $ **9**)

Y finalmente aplicando el truco aprendido para la tabla del diez sabremos que:

$3 \times 10 = $ **30** (también se comprueba que $3 + 0 = $ **3**)

5.2. Tabla del cuatro.

La tabla del 4 está formada sólo por números pares:

	0	1	2	3	4	5	6	7	8	9	10
0	0	0	0	0	0	0	0	0	0	0	0
1	0	1	2	3	4	5	6	7	8	9	10
2	0	2	4	6	8	10	12	14	16	18	20
3	0	3	6	9	12	15	18	21	24	27	30
4	0	4	8	12	**16**	20	24	28	32	36	40
5	0	5	10	15	20	25	30	35	40	45	50
6	0	6	12	18	24	30	36	42	48	54	60
7	0	7	14	21	28	35	42	49	56	63	70
8	0	8	16	24	32	40	48	56	64	72	80
9	0	9	18	27	36	45	54	63	72	81	90
10	0	10	20	30	40	50	60	70	80	90	100

Para memorizar esta tabla recordemos un hecho muy importante:
$2 \times 2 = 4$

Esto quiere decir que:

MULTIPLICAR UN NÚMERO POR CUATRO ES LO MISMO QUE EL DOBLE DEL DOBLE DEL NÚMERO.

Ejemplos:

$4 \times 4 = \mathbf{16}(4 + 4 = 8; 8 + 8 = \mathbf{16})$
$7 \times 4 = \mathbf{28}(7 + 7 = 14; 14 + 14 = \mathbf{28})$
$8 \times 4 = \mathbf{32}(8 + 8 = 16; 16 + 16 = \mathbf{32})$
$3 \times 4 = \mathbf{12}(3 + 3 = 6; 6 + 6 = \mathbf{12})$
$6 \times 4 = \mathbf{24}(6 + 6 = 12; 12 + 12 = \mathbf{24})$

5.3. Tabla del ocho.

La tabla del **8** se presenta a continuación:

$8 \times 1 = \quad 8$
$8 \times 2 = \quad 16$
$8 \times 3 = \quad 24$
$8 \times 4 = \quad 32$
$8 \times 5 = \quad 40$

$8 \times 6 = \quad 48$

$8 \times 7 = \textcolor{red}{56}$

$8 \times 8 = \textcolor{red}{64}$

$8 \times 9 = \textcolor{blue}{72}$

$8 \times 10 = \textcolor{blue}{80}$

El patrón es evidente.

El primer dígito forma parte de la secuencia:
$\textcolor{red}{0, 1, 2, 3, 4}$; $\textcolor{red}{4, 5, 6, 7, 8}$.

El segundo dígito forma parte de la secuencia alternada:
$\textcolor{blue}{8, 6, 4, 2, 0}$.

	0	1	2	3	4	5	6	7	8	9	10
0	0	0	0	0	0	0	0	0	0	0	0
1	0	1	2	3	4	5	6	7	8	9	10
2	0	2	4	6	8	10	12	14	16	18	20
3	0	3	6	9	12	15	18	21	24	27	30
4	0	4	8	12	16	20	24	28	32	36	40
5	0	5	10	15	20	25	30	35	40	45	50
6	0	6	12	18	24	30	36	42	48	54	60
7	0	7	14	21	28	35	42	49	56	63	70
8	0	8	16	24	32	40	48	56	64	72	80
9	0	9	18	27	36	45	54	63	72	81	90
10	0	10	20	30	40	50	60	70	80	90	100

6. Tabla del siete.

La tabla del **7** es considerada una de las menos fáciles.

	0	1	2	3	4	5	6	7	8	9	10
0	0	0	0	0	0	0	0	0	0	0	0
1	0	1	2	3	4	5	6	7	8	9	10
2	0	2	4	6	8	10	12	14	16	18	20
3	0	3	6	9	12	15	18	21	24	27	30
4	0	4	8	12	16	20	24	28	32	36	40
5	0	5	10	15	20	25	30	35	40	45	50
6	0	6	12	18	24	30	36	42	48	54	60
7	0	7	14	21	28	35	42	49	56	63	70
8	0	8	16	24	32	40	48	56	64	72	80
9	0	9	18	27	36	45	54	63	72	81	90
10	0	10	20	30	40	50	60	70	80	90	100

Afortunadamente:

EL ORDEN DE LOS FACTORES NO ALTERA EL PRODUCTO.

Por ese motivo cada vez que multiplicas por 7 te invitamos a utilizar uno de los trucos mostrados anteriormente.

Ejemplos:

$2 \times 7 = 7 \times 2 = \mathbf{14}$ ($7 + 7 = \mathbf{14}$, aplicar el truco del 2).
$4 \times 7 = 7 \times 4 = \mathbf{28}$ ($7 + 7 = 14; 14 + 14 = \mathbf{28}$; aplicar el truco del 4).
$5 \times 7 = 7 \times 5 = \mathbf{35}$ (Aplicar el truco del 5).
$9 \times 7 = 7 \times 9 = \mathbf{63}$ (Aplicar el truco del 9).
$6 \times 7 = 7 \times 6 = \mathbf{42}$ (Aplicar el truco del 6).
$3 \times 7 = 7 \times 3 = \mathbf{21}$ (Aplicar el truco del 3).

El único valorar que tendrás que memorizar es:

$7 \times 7 = \mathbf{49}$

pues no hay posibilidad de utilizar otro truco.

7.   ¿Qué truco aplicar en cada situación?

Como hemos visto existen infinidades de trucos para encontrar los valores de las tablas. Entonces se hace necesaria la pregunta... ¿Qué truco aplicar en cada situación?

A continuación te recomiendo el orden que considero más apropiado para garantizar una ejecución rápida y óptima:

1) **Tablas súper fáciles: Truco del 0, 1, 10.**
2) **Tablas fáciles: Truco del 2, 5, 9.**
3) **Truco del 6.**
4) **Tablas menos fáciles: Truco del 3, 4, 8.**
5) **Memorizar que $7 \times 7 = 49$.**

Ejemplo 1:

$0 \times 6 = ...$ Aquí tenemos dos posibilidades. ¿Se debe aplicar el truco del **0** o aplicar el truco del **6**?

Según nuestra tabla, evidentemente el truco del cero es más fácil de aplicar:

$0 \times 6 = 0$ ***TODO NÚMERO MULTIPLICADO POR CERO ES CERO.***

Ejemplo 2:

$8 \times 5 = ...$ ¿Se debe aplicar el truco del **5** o aplicar el truco del **8**?

Se debe aplicar el truco del **5** pues tiene mayor prioridad en nuestra recomendación. Por tanto:

$8 \times 5 = 40$ (la mitad de 8 es 4 y no sobra nada, por tanto agregamos un 0 y se obtiene 40).

Ejemplo 3:

$6 \times 9 = ...$ ¿Se debe aplicar el truco del **6** o aplicar el truco del **9**?

Basándonos en nuestra recomendación se debe aplicar el truco del **9**:

$6 \times 9 = 54$ ($6 - 1 = 5; 5 + 4 = $ **9**, por tanto 54).

Ejemplo 4:

$4 \times 8 = \ldots$ ¿Se debe aplicar el truco del **4** o aplicar el truco del **8**?

Fíjese detalladamente en nuestra recomendación. Ambos tienen la misma prioridad. Entonces da igual el truco que quieras utilizar. Queda a gusto del lector.

Truco del **4**:

MULTIPLICAR UN NÚMERO POR CUATRO ES LO MISMO QUE EL DOBLE DEL DOBLE DEL NÚMERO.

$4 \times 8 = $ **32** ($8 + 8 = 16; 16 + 16 = $ **32**)

Truco del **8**:

El primer dígito forma parte de la secuencia:
0, 1, 2, 3, 4; 4, 5, 6, 7, 8.

El segundo dígito forma parte de la secuencia alternada:
8, 6, 4, 2, 0.

Por tanto:

$8 \times 4 = $ **32**

8. Ejercicios.

8.1. Tablas del 0, 1, 10.

Ejercicios:

$1 \times 4 =$	$0 \times 9 =$	$6 \times 10 =$
$3 \times 10 =$	$7 \times 1 =$	$9 \times 0 =$
$0 \times 0 =$	$10 \times 9 =$	$5 \times 1 =$
$8 \times 1 =$	$0 \times 1 =$	$1 \times 10 =$

8.2. Tablas del 2, 5, 9.

Ejercicios:

$2 \times 6 =$	$9 \times 7 =$	$5 \times 8 =$
$4 \times 5 =$	$3 \times 2 =$	$9 \times 4 =$
$8 \times 2 =$	$8 \times 9 =$	$2 \times 5 =$
$9 \times 5 =$	$5 \times 5 =$	$9 \times 2 =$

8.3. Tablas del 6, 3, 4, 8, 7.

Ejercicios:

$6 \times 6 =$	$3 \times 4 =$	$7 \times 6 =$
$4 \times 4 =$	$4 \times 7 =$	$8 \times 3 =$
$8 \times 8 =$	$7 \times 3 =$	$6 \times 8 =$
$3 \times 3 =$	$4 \times 6 =$	$7 \times 7 =$

8.4. Ejercicios mixtos.

A continuación se presentan 60 ejercicios. Para alcanzar el dominio absoluto es necesario realizarlos en menos de 4 minutos.

$4 \times 10 =$	$2 \times 3 =$	$7 \times 6 =$	$2 \times 9 =$
$2 \times 6 =$	$8 \times 9 =$	$6 \times 0 =$	$7 \times 7 =$
$7 \times 5 =$	$7 \times 1 =$	$7 \times 8 =$	$6 \times 10 =$
$5 \times 9 =$	$4 \times 6 =$	$3 \times 10 =$	$7 \times 2 =$

$1 \times 1 =$	$3 \times 7 =$	$4 \times 9 =$	$6 \times 5 =$
$8 \times 3 =$	$6 \times 9 =$	$4 \times 4 =$	$8 \times 0 =$
$5 \times 7 =$	$9 \times 3 =$	$6 \times 6 =$	$1 \times 7 =$
$8 \times 8 =$	$3 \times 4 =$	$6 \times 2 =$	$7 \times 10 =$
$4 \times 6 =$	$5 \times 2 =$	$4 \times 7 =$	$9 \times 0 =$
$0 \times 8 =$	$5 \times 5 =$	$2 \times 10 =$	$3 \times 6 =$
$3 \times 5 =$	$1 \times 1 =$	$8 \times 4 =$	$6 \times 8 =$
$7 \times 9 =$	$4 \times 0 =$	$3 \times 3 =$	$8 \times 5 =$
$2 \times 5 =$	$10 \times 5 =$	$9 \times 9 =$	$0 \times 0 =$
$10 \times 10 =$	$8 \times 4 =$	$3 \times 5 =$	$4 \times 2 =$
$6 \times 1 =$	$2 \times 2 =$	$0 \times 7 =$	$6 \times 6 =$

9. Respuestas.

9.1. Tablas del 0, 1, 10. Respuesta a sección 8.1.

Respuesta a ejercicios:

$1 \times 4 = 4$	$0 \times 9 = 0$	$6 \times 10 = 60$
$3 \times 10 = 30$	$7 \times 1 = 7$	$9 \times 0 = 0$
$0 \times 0 = 0$	$10 \times 9 = 90$	$5 \times 1 = 5$
$8 \times 1 = 8$	$0 \times 1 = 0$	$1 \times 10 = 10$

9.2. Tablas del 2, 5, 9. Respuesta a sección 8.2.

Respuesta a ejercicios:

$2 \times 6 = 12$	$9 \times 7 = 63$	$5 \times 8 = 40$
$4 \times 5 = 20$	$3 \times 2 = 6$	$9 \times 4 = 36$
$8 \times 2 = 16$	$8 \times 9 = 72$	$2 \times 5 = 10$
$9 \times 5 = 45$	$5 \times 5 = 25$	$9 \times 2 = 18$

9.3. Tablas del 6, 3, 4, 8, 7. Respuesta a sección 8.3.

Respuesta a ejercicios:

$6 \times 6 = 36$	$3 \times 4 = 12$	$7 \times 6 = 42$
$4 \times 4 = 16$	$4 \times 7 = 28$	$8 \times 3 = 24$
$8 \times 8 = 64$	$7 \times 3 = 21$	$6 \times 8 = 48$
$3 \times 3 = 9$	$4 \times 6 = 24$	$7 \times 7 = 49$

9.4. Ejercicios mixtos. Respuesta a sección 8.4.

$4 \times 10 = 40$	$2 \times 3 = 6$	$7 \times 6 = 42$	$2 \times 9 = 18$
$2 \times 6 = 12$	$8 \times 9 = 72$	$6 \times 0 = 0$	$7 \times 7 = 49$
$7 \times 5 = 35$	$7 \times 1 = 7$	$7 \times 8 = 56$	$6 \times 10 = 60$
$5 \times 9 = 45$	$4 \times 6 = 24$	$3 \times 10 = 30$	$7 \times 2 = 14$
$1 \times 1 = 1$	$3 \times 7 = 21$	$4 \times 9 = 36$	$6 \times 5 = 30$
$8 \times 3 = 24$	$6 \times 9 = 54$	$4 \times 4 = 16$	$8 \times 0 = 0$
$5 \times 7 = 35$	$9 \times 3 = 27$	$6 \times 6 = 36$	$1 \times 7 = 7$

$8 \times 8 = 64$	$3 \times 4 = 12$	$6 \times 2 = 12$	$7 \times 10 = 70$
$4 \times 6 = 24$	$5 \times 2 = 10$	$4 \times 7 = 28$	$9 \times 0 = 0$
$0 \times 8 = 0$	$5 \times 5 = 25$	$2 \times 10 = 20$	$3 \times 6 = 18$
$3 \times 5 = 15$	$1 \times 1 = 1$	$8 \times 4 = 32$	$6 \times 8 = 48$
$7 \times 9 = 63$	$4 \times 0 = 0$	$3 \times 3 = 9$	$8 \times 5 = 40$
$2 \times 5 = 10$	$10 \times 5 = 50$	$9 \times 9 = 81$	$0 \times 0 = 0$
$10 \times 10 = 100$	$8 \times 4 = 32$	$3 \times 5 = 15$	$4 \times 2 = 8$
$6 \times 1 = 6$	$2 \times 2 = 4$	$0 \times 7 = 0$	$6 \times 6 = 36$